U0464530

软装风格解析与速查

DECORATION
DESIGN

李江军 编

中国电力出版社
CHINA ELECTRIC POWER PRESS

内容提要

本系列图书分为《软装风格解析与速查》《软装色彩与图案搭配》《软装家具与布艺搭配》《软装配饰选择与运用》四册，图文结合，通俗易懂。软装设计首先要从风格入手，明确整个软装的设计主题。本书重点介绍了 11 类常见室内设计风格的软装搭配手法，并对其中 100 个经典案例进行专业剖析，让读者以最快速度了解各个风格的软装特点。

图书在版编目（CIP）数据

软装风格解析与速查 / 李江军编. —北京：中国电力出版社，2017.8（2018.5重印）
ISBN 978-7-5198-0845-7

Ⅰ．①软… Ⅱ．①李… Ⅲ．①室内装饰设计 Ⅳ．①TU238.2

中国版本图书馆CIP数据核字（2017）第140463号

出版发行：中国电力出版社
地　　址：北京市东城区北京站西街19号（邮政编码100005）
网　　址：http://www.cepp.sgcc.com.cn
责任编辑：曹　巍　联系电话：010-63412609
责任校对：朱丽芳
装帧设计：王红柳
责任印制：杨晓东

印　　刷：北京盛通印刷股份有限公司
版　　次：2017年8月第一版
印　　次：2018年5月北京第二次印刷
开　　本：889毫米×1194毫米　16开本
印　　张：10
字　　数：280千字
定　　价：58.00元

版 权 专 有　侵 权 必 究

本书如有印装质量问题，我社发行部负责退换

前言

　　软装设计发源于欧洲，也被称为装饰派艺术。在完成了装修的过程之后，软装就是整个室内环境的艺术升华，如果说装修是改变室内环境的躯体，那么软装就是点缀室内环境的灵魂。

　　软装设计是一个系统的工程，想成为一名合格的软装设计师或者想要软装布置自己的新家，不仅要了解多种多样的软装风格，还要培养一定的色彩美学修养，对品类繁多的软装饰品元素更是要了解其搭配法则，如果仅有空泛枯燥的理论，而没有进一步形象的阐述，很难让缺乏专业知识的人掌握软装搭配。

　　本套系列丛书分为《软装风格解析与速查》《软装色彩与图案搭配》《软装家具与布艺搭配》《软装配饰选择与运用》四册，采用图文结合的形式，融合软装实战技巧与海量的软装大师实景案例，创造出一套实用且通俗易懂的读物。

　　软装设计首先要从风格入手，明确整个软装的设计主题。《软装设计风格速查与解析》一书重点介绍 11 类常见室内设计风格的软装搭配手法，并邀请软装专家王岚老师对其中 100 个经典案例进行专业剖析，让读者以最快速度了解各个风格的软装特点。

　　在软装设计中，色彩是最为重要的环节，色彩不仅使人产生冷暖、轻重、远近、明暗的感觉，而且会引起人们的诸多联想。《软装色彩与图案搭配》一书重点介绍墙顶地等室内空间立面的色彩与图案构成，以及不同风格印象的常见色彩搭配，并邀请色彩学专家杨梓老师一方面对案例的背景色、主体色与点缀色进行分析，另一方面再给这些色彩搭配案例赋予如诗一般的意境，生动阐述色彩的搭配原理。

　　家具与布艺作为软装中的基本点，体现出居室总体色彩、风格的协调性。《软装家具陈设与布艺搭配》一书重点介绍各个家居空间的家具布置与布艺软装知识，邀请对布艺搭配具有独到研究与创新的软装专家黄涵老师对其中一些经典案例进行专业解析，深入浅出地讲解家具与布艺基本的搭配法则。

　　软装中的点睛之笔应是配饰元素，饰品的布置与搭配需要设计师有着极高的审美眼光与艺术情趣。《软装配饰元素选择与运用》一书重点介绍灯饰照明、餐具摆设、装饰摆件、墙面壁饰、墙面挂画、花艺与花器、装饰收纳柜等七大软装配饰的选择与搭配知识，邀请软装专家王梓羲老师对其中的经典案例做深入讲解，让软装爱好者对软装饰品的摆场与搭配法则做到心中有数。

目录 contents

新中式风格
软装搭配场景

新中式是指将中国古典建筑元素提炼融合到现代人的生活和审美习惯的一种装饰风格，让现代家居装饰更具中国文化韵味。设计上采用现代的手法诠释中式风格，形式比较活泼，用色大胆，结构也不讲究中式风格的对称，家具更可以用除红木以外的更多的选择来混搭，字画可以选择抽象的装饰画，饰品也可以用东方元素的抽象概念作品。

水墨丹青

新中式风格中常常与现代风格和现代材质巧妙兼容，例如该案中的电视背景墙，将石材上墙，用石材的纹理体现大漠长河的壮阔画面，与沙发背景墙的水墨丹青相呼应，又因不同材质而对比强烈。宝蓝色的瓷凳与蓝色靠包和桌旗相统一，在素雅纯净的白色布艺沙发的衬托下，更显不凡的气质。

新中式家居环境将经典元素提炼并加以丰富，结合现代元素，给传统家居文化注入了新的气息。

中式架子床

新中式风格家具搭配

新中式风格的家具可为古典家具，或现代家具与古典家具相结合。中国古典家具以明清家具为代表，在新中式风格家具中多以线条简练的明式家具为主，有时也会加入陶瓷鼓凳的装饰，实用的同时起到点睛作用。

青花瓷鼓凳

新中式餐椅

坐榻形式的客厅沙发

线条简洁且带有中式元素的书桌

现代与传统交织

　　石材和木质的对比，创造出现代但不失传统意蕴的氛围，该空间的电视背景墙就很好地诠释了材质间的冲击效果，石材与木质格栅的对比，现代与传统的交织。

　　餐厅家具的色调延用客厅中的蓝色，同色系不同色调，在不增加空间繁复性的情况下丰富色彩环境，且新古典家具的混搭，也使空间氛围更加活泼多样。红色挂画与黑白泼墨相映，提亮整个空间。

　　很多风格在现代设计中都会进行混合搭配，真正的简约而不简单。

从床头背景中提取窗帘颜色

窗帘上的蓝黄色表现出华贵感

新中式风格窗帘搭配

> 新中式风格的窗帘多为对称的设计，帘头比较简单，运用了一些拼接方法和特殊剪裁。可以选一些仿丝材质，可以拥有真丝的质感、光泽和垂坠感，还可以加入金色、银色的运用，添加时尚感觉，如果运用金色和红色作为陪衬，又可表现出华贵和大气。

中西合璧艺术

　　新中式的餐厅空间摆场也可融合西式餐桌的物品摆放，中西合璧更能够营造热闹的用餐环境。中式插花艺术相较于西式花艺主要是为了突出意境，几支枯枝一朵花，在素雅的瓷瓶中便能产生婀娜的姿态。装饰画的内容与素雅的中式环境相称。鸟笼是常见的陈设品之一，但应注意，从传统风俗上来讲，在家居室内环境中，鸟笼不宜设空，放置些花草或饰品为宜。

屏风背景

  该案中以仿古绢为底，清秀素雅的工笔画，给整个空间都带来了雅致的氛围。床品素雅整洁，抱枕的花纹与床旗的花纹色泽相呼应，精巧的托盘，摆放一壶一杯一花，用现代的手法打造了传统典雅的清雅韵味。

  屏风是新中式家居环境中常见的一种装饰，既有阻隔视线挡风遮煞的作用，同时放在墙边作为很好的背景墙陈设也有很好的装饰效果。屏风一般成对出现，图案的种类和表现方式有很多种。

床头背景上的圆形壁饰

新中式风格饰品元素

传统的中式饰品，搭配现代风格的饰品或者富有其他民族神韵的饰品也会使新中式空间增加文化的对比。如以鸟笼、根雕等为主题的饰品，会给新中式家居融入大自然的想象，营造出休闲、雅致的古典韵味。

黄色将军罐起到点睛作用

传统色彩的抽象装饰画

带有传统花卉图案的陶瓷花器

中式床头台灯

对称式陈设

该空间采用对称式陈设，符合中国传统室内陈设习惯，对称的挂画也可换成书法对联等。考虑到空间的稳重性，这里的花瓶都适用大体量的陶瓷瓶，在木质格花背景的衬托下，使空间丰富起来。小的摆件常见的如图中所示，有陶罐瓷瓶、如意、绿植等。新中式中的花艺一般以中式或日式等充满禅意的花艺造型为宜，避免西方饱满浓艳的花艺造型。

TIPS ▶ 南官帽椅是明式家具的代表作之一，以扶手和搭脑不出头而向下弯扣其直交的枨子为主要特征。

方圆之道

  巧妙运用异形空间使用圆床，除了木质家具整体空间氛围是温暖的黄色，与其他空间的色彩搭配相一致。床品使用以白色为主，蓝色点缀的方式进行搭配，蓝色靠包和床旗，对应蓝色花瓶和立体墙饰，金色抱枕呼应整体空间的暖黄色，使主体物和整个空间相联系不突兀。

TIPS ▶ 卧室空间的照明要考虑休息使用的便捷性，在小空间无处安放床头灯的情况，氛围光就起到了举足轻重的作用。暗藏灯槽的床头和床尾灯，营造出卧室空间温馨适宜睡眠的空间氛围。

中式禅意空间之美

> 中式的禅意空间多偏向运用木质原色、深黑色、暗红色等沉稳色调，以对比的白色墙面作搭配。饰品的利用可以视为画龙点睛的利器，竹帘的挂置使空间的意境与质感瞬间提升，蜡烛、风铃、线香与石雕等，加强空间的空灵禅修意境。

深色禅意空间沉稳大方

中式茶具提升空间意境

简朴随意的软装搭配体现禅意之美

大面木色带来清幽之美

经典中国椅

　　经典的空间环境必须要有经典家具陈设。该案中的餐椅就是由汉斯·瓦格纳在1949年设计的"中国椅"。之所以称之为中国椅，是因为该椅的设计灵感来源于中国圈椅，从外形上可以看出是明式圈椅的简化版，半圆形椅背与扶手相连，靠背板贴合人体背部曲线，腿足部分由四根管脚枨互相牵制，唯一明显的不同是下半部分，没有了中国圈椅的鼓腿彭牙、踏脚枨等部件，符合其一贯的简约自然风格。该椅被美国《室内设计》杂志评价为"世界上最漂亮的椅子"。

　　漂亮的椅子才能搭配出漂亮的环境，在木色环境的衬托下搭配几株青翠的花艺，还有明黄色的挂画，提亮了整体空间氛围。

中式禅韵

新中式的禅意风格给人一种静谧、平和、舒缓的感觉，新中式设计追求的是一种清新高雅的格调，注重文化积淀，讲究雅致意境。

排列整齐的隔栅是禅意空间中最常见的设计元素，墙绘、背景一般使用水墨丹青的中国画，内容以风景为主。与画中风景对应的空间植物，该空间的枯山水设计是一亮点，枯枝与鹅卵石，打造有韵味的禅意之美。

新中式空间中不可避免地会出现茶席的陈设，精巧的茶具、茶盘、茶桌，搭配相应的茶席，一股浓浓的禅意扑面而来。

清雅意境

    家具造型与空间主要设计元素相一致，营造出和谐统一的禅意氛围。藤编地毯是新中式风格中常用的一种材质，与木质家具颜色一致，体现中式风格中谦卑、含蓄、端庄的精神境界。

    整个空间以白色和木色相映，用现代的手法诠释传统的精神。搭配迎霜傲雪绽放的蜡梅花，让人似乎都能闻到清香弥漫室内的彻骨和心旷神怡。同时也彰显了新中式风格中诛心传神的设计高度。

中式与现代结合的抱枕搭配

新中式风格抱枕搭配

" 如果空间的中式元素比较多，抱枕最好选择简单、纯色的款式，通过正确把握色彩的挑选与搭配，突出中式韵味；当中式元素比较少时，可以赋予抱枕更多的中式元素，如花鸟、窗格图案等。 "

抱枕颜色与装饰画形成呼应

撞色搭配的抱枕提亮深色客厅空间

纯色与图案结合的中式抱枕

端景设计

在中式园林设计中有一个手法叫做"尽端之处必造景"，这个手法也同样适用于中式的室内设计。

例如此图中就进行了一个端口的小场景陈设。充满现代意蕴的中式条案，摆放饰品，一般这里的饰品左右形状和内容不一，产生错落和对比的美感。墙面挂画，有射灯照明。营造一个小而精的空间氛围。

满屋书香

　　新中式书房的软装陈设主要要考虑书桌及用品的摆放，书架中书籍和饰品的摆放问题。

　　中式书桌上常用的摆件如图中所示，有不可或缺的文房四宝、笔架、镇纸、书挡和中式风格的台灯。一盆素雅的白色蝴蝶兰，提升了空间的雅致情调。

　　书架的摆场最难，当然若摆得好最初效果。一般一对书架的陈设采用对称但不一致的方法。左右架子上的书籍和饰品在数量、色彩和体量上相当，摆放时不宜完全对称，以体现灵动的美感为宜。

中式椅子礼仪

　　圈椅、太师椅、官帽椅，该空间中包含了中式家具中最经典的三种椅子的款式。其中官帽椅为了不影响看电视的视线，椅腿被砍掉，形成坐席的形式，保留靠背的设计，也是新中式的运用体现。空间左侧设置多宝阁，多宝阁是摆放藏品物件的，要与博古架区分开，博古架是书架，具有博古通今的意思。电视左右一对花盆架，空间整体是中心对称的形式。

TIPS ▶ 欧式新古典风格的灯具在该空间独具特色，混搭中经常使用。

北欧风格
软装搭配场景

北欧风格家居以简洁著称，注重以线条和色彩的配合营造氛围，没有人为图纹雕花的设计，是对自然的一种极致追求。北欧空间里使用的大量木质元素，多半都未经过精细加工，其原始色彩和质感传递出自然的氛围。大面积的木地板铺陈是北欧风格的主要风貌之一，让人有贴近自然、住得更舒服的感觉，北欧家居也经常将地板漆成白色，视觉上看起来会有宽阔延伸的效果。

自然清新风

　　绿色的背景墙自然清新，米白色墙板背景和白色大理石地面使整体空间明亮整洁，北欧风格的布艺选择主要以棉麻材质为主，体现自然、实用、环保的风格理念。

　　空间中总不能少了北欧著名设计师的作品，例如该案中陈列的丹麦著名设计师汉斯维纳的孔雀椅，采用车木工艺制作，没有生硬的棱角，保留圆滑的曲线，给人以亲近质朴之感。

TIPS ▶ 北欧风格的摆场重点在于软装饰品的选择，无须过多复杂的装饰。

原木色餐桌搭配白色餐椅

北欧风格家具搭配

"北欧家具一般都比较低矮，以板式家具为主，材质上选用桦木、枫木、橡木、松木等未曾精加工的木料，尽量不破坏原本的质感。将与生俱来的个性纹理、温润色泽和细腻质感注入家具，用最直接的线条进行勾勒，展现北欧独有的淡雅、朴实、纯粹的原始韵味与美感。"

带有收纳功能的低矮木质茶几

原木色家具与白色橱柜搭配

低矮造型的电视柜与搁物架承担起客厅收纳任务

造型简洁的餐桌椅凸显木材的本色

崇尚自然

　　温莎椅是乡村风格的代表，椅背、椅腿、拉挡等部件基本采用纤细的木杆旋切而成，椅背和座面充分考虑人体工程学，具有很好的舒适感。因此温莎椅以自己的独特性、稳定性、时尚性、耐用性等特点历经300年而长盛不衰，其以"设计简单而不尊贵，装饰优雅而不奢靡"的特点在漫长的家具历史长河中得到肯定与认同，不论是公寓还是豪宅中，都适宜搭配。

　　与崇尚自然回归的椅子相搭配，常选用棉麻编织等布艺，与同材质的木箱搭配和谐统一，枯枝更是营造出烂漫的情结。

亮黄色点睛

　　伊姆斯椅是由美国的伊姆斯夫妇于 1956 年设计的经典餐椅，灵感来自于埃菲尔铁塔，以简洁的弧线造型，多变的色彩，舒适的实用性，至今仍备受人们喜爱。其并不仅仅是用在餐饮空间，在简约风或北欧风格等现代风格中甚至作为单椅使用。

　　该空间陈设使用亮黄色的椅面，搭配黑白格纹的抱枕，与后边深色沙发和彩色抱枕，以及现代涂鸦风格的地毯，形成鲜亮的色彩对比，整体氛围灵动，带来轻松愉悦的自然气息。

与自然和谐

　　客厅空间是家居生活中带给我们最多幸福感的地方，拉开窗帘阳光温暖整个房间，甩掉鞋子、丢掉包包，慵懒地躺到豆袋椅里。充足的自然光照明、大量白色墙面与木地板的烘托是经典北欧风格的象征，L形宽大舒服的布艺沙发能够吸收所有负能量，几何图形的地毯呼应三角形拼图的挂画。明亮的北欧风格混搭工业风中常用的吊灯，时尚而不失格调。整体空间色彩以淡蓝色调和灰色调为主，如此放松和惬意的环境，不自觉地想煮一杯热咖啡，在一个角落坐下放空自己。

　　北欧风格主要营造人与自然和谐共生的舒适感。

随意生活氛围

　　在北欧的文化里，人们对生活、对家居、对各种生活杂物都比较珍视。"尽量长时间地使用"是北欧人生活的信条。大量木质家具、裸露的砖墙，体现北欧人生活方式崇尚自然、力求清新的关键点。

　　该案中水泥地面处理与原木色家具营造出轻松随意的生活氛围，亮点是整面蓝色墙面，与白色搭配更加清新明快。干花的装饰更具有自然的气息。

色彩丰富和谐

　　简洁的室内装饰，洁白的空间，时尚、简约的家具，灰色调的布艺装饰，搭配着充满艺术感的挂画，在木质地板的烘托下，让生冷的空间调和出温馨的气氛，舒适的北欧风格就呈现在眼前。

　　室内空间中的色彩搭配需要成组出现或者有呼应地在同色系范围内交替存在，比如该案中灰蓝色的抱枕和沙发坐垫，以及电视柜摆件的色彩，使色彩丰富和谐统一但不会显得杂乱无章或者太突兀。

撞色效果的床品运用紫色抱枕进行调和

北欧风格床品布艺搭配

> 北欧风的卧室中常常采用单一色彩的床品，多以白色、灰色等色彩来搭配空间中大量的白墙和木色家具，形成很好的融合感。如果觉得单色的床品看久了比较乏味的话，可以挑选暗藏简单几何纹样的单色面料来做搭配，会显得空间氛围活泼生动一些。

粉色系条纹床品缓和灰色墙面的冰冷感

简单几何纹样床品增加活泼感

床品中的抱枕颜色与装饰画形成呼应

北欧风格抱枕布艺搭配

> 北欧风的空间中，硬装处理得都比较简洁，没有过多的装饰，这时就可以通过色块相对鲜明的抱枕来点缀空间。挑选这些抱枕时，可以选用色彩、面料和纹样相对丰富一些的款式，但注意不要过度夸张，高明度、低饱和度和几何纹样的款式是首选。

挂钟艺术

　　玻璃和金属的质感虽然给人较为冰冷的感觉，但有效的运用能够创造出时尚感。该案为 Loft 公寓，拥有挑高天花板、宽大的落地窗，大体为黑白灰色调，搭配木色家具，在禁欲风中融和了温暖的感情，谁说黑白灰不能体现温馨的氛围呢?

　　挑高空间搭配一组体量大小不一的藤球挂灯，很好地丰富了空间层次，使之简约而不简单。亮点在于 nomon 挂钟，该品牌挂钟属于全球室内挂钟的风向标，浓郁的艺术气息，让挂钟不仅是一个生活实用品，更是一个艺术品，成为提升空间格调的风景线。

带暖意的白

北欧风格最让人着迷之处便是在简单中呈现出不凡的气质，当地有个有趣的单词"hygge"便是在形容这份独特，中文可以解释成舒服、惬意，其实就是指一种情境上的美好舒适。

该案整体空间中带有暖意的白贯穿整体，加之挑高的建筑结构，让整个空间更显明亮通透，主要光线来自让人称羡的落地窗，充足的自然光，使空间氛围和感情也一并升温。鹿头雕塑和木柴的装饰，体现北欧崇尚自然的情调。点光源的烛台灯也是这类简约空间中常见的灯具。

工业风格
软装搭配场景

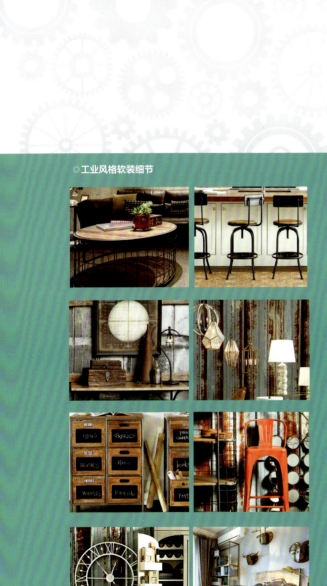

工业风格是近年来室内装修设计中颇受追捧的风格，在裸露砖墙和原结构表面的粗犷外表下，反映了人们对于无拘无束生活的向往和对生活品质的追求。工业风的基础色调无疑是黑白色，辅助色通常搭配棕色、灰色、木色，这样的氛围对色彩的包容性极高，所以可以多用彩色软装、夸张的图案去搭配，中和黑白灰的冰冷感。

经典黑白灰

　　该案整体空间采用黑白灰色系，黑色地板显得神秘且稳重，留白的墙面优雅轻盈，连接二者之间的灰色墙壁和屋顶，使整个空间和谐统一。室内除了家具陈设没有多余的装潢，纯粹的黑色餐桌椅组合，使空间更具工业风。落地窗内外的两个世界是同一色系，有一种冷酷的静谧感。远处搭配钓鱼灯、纯度很高的黄色茶几和玫红色单椅，是空间中的点睛之笔。

　　黑白灰经典色系，搭配出干净简洁的空间效果，突显工业风傲骨的一面。

铁艺结构的客厅茶几

工业风格家具搭配

> 工业风的空间对家具的包容度还是很高的，可以直接选择金属、皮质、铆钉等工业风家具，或者选择现代简约的家具也可以。例如皮质沙发，搭配海军风的木箱子、航海风的橱柜及 Tolix 椅子等。

木质与石材结合的餐桌

铁艺吧椅

带有滑轮的绒布沙发

铆钉装饰的真皮沙发

粗糙墙面肌理

　　该案空间设计的亮点在于对墙面的处理，用砖墙和原始的水泥墙取代千篇一律的粉刷墙面，一粗糙一光滑，皮质沙发和布艺靠垫、金属质单椅、烤漆茶几，搭配钓鱼灯、深色混纺地毯，各种材质之间的质感碰撞，给室内空间带来一种老旧却又摩登的视觉效果。整体空间用色不多，黑白灰搭配砖墙红色为主调，浅黄色布艺靠垫在黑色皮质沙发上是点睛之笔。素色窗帘和原木地板，大叶绿植，展现工业风中原始与自然的感觉。

TIPS ▶ 在工业风搭配中要注重皮革的颜色与材质，选择带有磨旧感或经典色的皮革比较能够营造出空间复古的韵味。

裸露水电管线

　　与传统家居装饰相反的是，工业风常常将各种水电管线裸露在外面，正如该案中顶部管线处理方式，将它称为室内的视觉元素之一。不仅可以完美拥有挑高的天花板，也可以打造出个性不做作的工业风。皮质与木质搭配的沙发套系，更显现出年代的质感。远处的书架采用管道延伸的再制家具，体现出工业风中的匠艺精神。

　　老而不衰，在工业风的空间中体现旧物的历史沉淀感。比如复古的落地灯、斑驳的铁皮门。在陈旧环境中融入现代元素，如高品质电器和很有质感的操作台面，新旧交融，更突显当今与过往的时代变迁感。

白色与木色

　　该案以白色和原木色为主色调，同样是裸露的墙面，与裸露红砖不同的是这里将墙面刷白，只保留砖墙的肌理，与周围环境搭配出恬静的自然之感。饰品摆件以及电器地毯等软配一律选用黑白系，家具全部使用原木色。一把经典的 LCW 椅，牢固舒适，造型轻盈，代表了 20 世纪 40 年代工业发展，复合板材料组合家具的诞生，与空间主题契合。

　　不规则兽皮地毯以及点缀的绿植，营造出一种简单舒适的生活气息。

怀旧风情

　　挑高的空间，裸露的窗户和横梁，光秃秃的表面，营造出空旷仓库的破旧感。做旧的家具、灰白色调的软配、编织质感的地毯，在明媚的阳光下显得安静而温柔，仿佛一个年轻的女子在聆听一座有故事的房子的诉说。

　　工业风格的室内空间陈设无须过多的装饰和奢华的摆件，一切以回归为主线，越贴近自然和结构原始的状态越能展现该风格的特点。搭配用色不宜艳丽，通常采用灰色调。

工业主题场景

　　小场景的软装陈设需要突出场景主题,该案中体现了手工DIY材料包的场景。外露的铁艺挂杆上缠绕不同颜色和样式的线圈布带、剪刀软尺和本子卡片等,金属与木材结合的收纳柜,分配摆放一些稀奇古怪的零碎,每个抽屉上有块小黑板,可随时更换分类物品的名称,美观实用。单椅旁一个铁架小几,既可以摆放物品也可以踩踏和坐,随意歪倒的杂志,刚好体现空间使用中的生活气息。

　　在素色空间中的小麦花环更显得质朴,工业风格的摆放适合凌乱随意和不对称,小件物品可选用跳跃的颜色点缀。

复古装饰柜

将黑板元素运用在收纳柜的设计中，巧妙地进行储存分类的标记。工业风常见金属骨架与原木结合的柜体，一格格抽屉，有种中式药材柜的感觉。铁丝网状收纳盒、外露的物件，凌乱无序的摆放，搭配一小盆仙人掌，工业风表现得淋漓尽致。

工业风中常出现 DIY 的场景，例如该案中的黑板画面，字体与构图的美观也尤为重要，一般使用英文书写，更显格调。

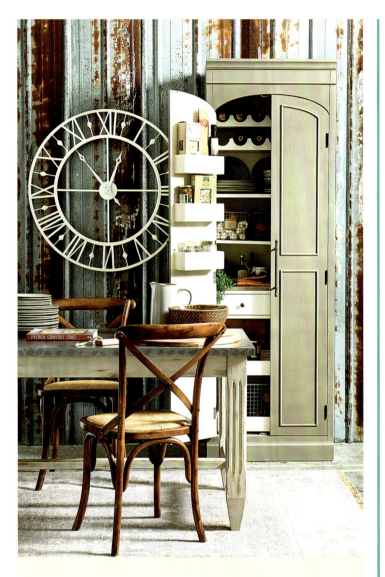

做旧背景

　　背景墙使用复古做旧处理的墙板，营造出工业空间氛围的破旧美。与做旧处理对比，家具在选择上以纯色简约为宜。白色挂钟是装饰亮点。常用在餐饮空间的 cross back chair 交叉椅，体现法式乡村风格并带有一点点工业元素。

　　工业风常出现颓废美的混搭场景，在款式和颜色的选择上更容易搭配。

动物头饰挂件

工业风格饰品元素

在工业风的家居空间中，选用极简风的鹿头、大胆一些的当代艺术家的油画作品和有现代感的雕塑模型作为装饰，也会极大地提升整体空间的品质感。这些小饰品别看体积不大，但是如果搭配得好，不仅能突出工业风的粗犷，还会显得品位十足。

做旧处理的摆件

复古风格灯饰

齿轮造型壁饰与图案

茶几上摆设的铜艺沙漏

红色 Tolix 椅

　　在同样破旧的背景下，一把鲜艳的 Tolix 椅（Marrays A Chair），展现法式慵懒而闲适的气质，1934 年由 Xavier Pauchard 设计，近年来被全世界时尚设计师所宠爱，多种用途，多种变形，是一把有味道、有态度的椅子，特别是近年来与混搭、乡村、美式、怀旧、北欧简约、中式等主要装修风格搭配，呈现出独特的韵味。

　　在该案中，大红色的设计给整个场景的氛围带来生机，但这种惊艳的陈设不宜过多，在周围都以深色或破旧感的映衬下，来一个抢人眼球的视觉中心。一支干枝，几片枯叶，融入整体氛围，别有一番风味。

法式风格
软装搭配场景

优雅、舒适、安逸是法式家居风格的独有气质。装饰题材多以自然植物为主，使用变化丰富的卷草纹样、蚌壳般的曲线、舒卷缠绕着的蔷薇和弯曲的棕榈。为了更显接近自然，一般尽量避免使用水平的直线，而用多变的曲线和涡卷形象，它们的构图不是完全对称，每一条边和角都可能是不对称的，变化极为丰富，令人眼花缭乱，有自然主义倾向。

低调奢华

　　整体空间设计中摒弃了传统古典中繁复的装饰，用简洁的线条表达也不失古典风格尊贵高雅的气质。新古典在色彩上多用金色、白色等色调，体现材质质感和风格精神。该案巧妙地将金色转化为暖调光源、金属吊灯、床品织物和实木地板，无处不在体现低调奢华的细节。冷色调的护墙板、地毯和抱枕与空间暖调氛围搭配得相得益彰，在古典风格家具的衬托下，空间兼具古典与现代的双重审美效果，体现了优雅而高贵的生活气质。

　　卧室软装搭配上主要依靠床品、布艺、地毯等织物营造氛围，用暖光源烘托气氛。

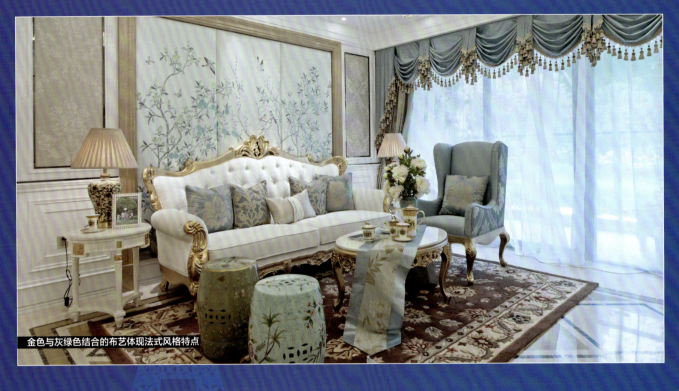
金色与灰绿色结合的布艺体现法式风格特点

法式风格布艺搭配

> 法式风格一般会选用对色比较明显的绿、灰、蓝等色调的窗帘，在造型上也比较复杂，透露出浓郁的复古风情。此外，除了熟悉的法国公鸡、薰衣草、向日葵等标志性图案，橄榄树和蝉的图案普遍被印在桌布、窗帘、沙发靠垫上。

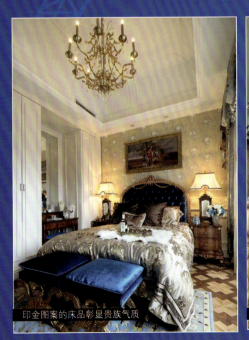
印金图案的床品彰显贵族气质

带有流苏的灰绿色窗帘布艺

白色床幔营造浪漫法式风情

相似色彩搭配的法式卧室布艺

贵族风情

　　法式风格在整体搭配中注重在细节上下功夫。该案中雕花床头、丝绒软包、工艺精细的柜子，在墨绿色花朵床品和古典图案地毯的映衬下，浪漫清新之感扑面而来。窗帘和床品色彩相统一，使用波浪帘头，豪华、大气，烘托室内华丽的气氛。水晶吊灯和烛台饰品的陈设搭配，为空间营造出浓郁的高贵典雅贵族风情。

　　为了营造豪华舒适的居住空间，选择法式廊柱、雕花、线条和制作工艺精良的家具、饰品是必不可少的要素，统一布艺材质和色彩的关系，注重细节处理。

法式新古典

典型的法式新古典氛围营造。孟莎式屋顶下，背景墙采用经典的帕拉弟奥三段式设计，整体布局以床为中心，突出轴线对称的原则，选用S形粗壮弯腿的洛可可风格的家具，软包及金色彩绘，使整个空间气势恢宏，高雅奢华。窗帘布艺和床品在色彩上相呼应，床幔是整个空间的亮点，丝质有光泽的布艺，更好地营造空间奢华、温馨和舒适感。

TIPS ▶ 在壁纸和床品花纹明显的房间中，床幔是最清楚最直接展示在卧室空间中的，因此不宜使用多余的花色和颜色，以营造静谧、祥和的气氛为主，不宜过于张扬。

洛可可风情

　　洛可可风格的室内空间环境颜色并不十分跳跃，该案使用浅色护墙板搭配金色装饰线条，挑高空间中墙面装饰线可起到丰富空间氛围，减少空洞感的作用。从老虎窗垂下通顶的纯色窗帘，营造大气恢宏的气势。古典风格的家具组合，大面积使用金色，软包和抱枕等布艺纹理中体现中式元素，更突显其贵气。地板拼花也是该风格空间中常见的设计手法之一。

　　在巴洛克洛可可时期的欧洲贵族中十分流行中式元素的装饰，他们认为没有中式元素就没有贵气，因此中式元素是该风格装饰的侧重点。

钟声瓶镜

　　壁炉设计常反映古典欧式的建筑风格，兼具装饰作用和使用作用。在深色背景下，白色壁炉造型十分抢眼。爱奥尼克柱式及卷草纹等花纹雕刻精良，造型独特的装饰镜和对称摆放的包金烛台，尽显奢华。镜前正中摆放复古西洋座钟，与周围环境搭配出一种徽州陈设文化常见的"钟声瓶镜"的意寓。前方在黄金分割点侧放一把新古典风格的翼背椅，橘色靠垫活跃了整个画面的气氛。

TIPS ► 小场景软配更应注意色彩对比，区分主次及前后关系。

精致浪漫

　　典型的洛可可风格的室内软装设计。该风格装饰艺术，主要表现在室内装饰上，是在巴洛克装饰艺术的基础上发展起来的。主要的特点为摒弃巴洛克色彩浓烈装饰浓艳的效果，而是以浅色和明快的色彩为主，纤巧细致的装饰雕花，家具也非常精致而偏于烦琐。

　　该案硬装部分以白色护墙板和金色装饰线营造浪漫奢华的氛围，餐桌椅搭配两个不同色彩款式主椅，水晶灯在镜面天花的反射下更加闪烁，烛台和花艺以及餐具，都是法式风格摆场中必不可少的元素。

法式餐厅适合风景或花卉内容的油画

法式风格装饰画搭配

"
　　法式装饰画通常采用油画，以著名的历史人物为内容，再加上精雕的金属外框，使得整幅装饰画兼具古典美与高贵感。此外也可以将装饰画用花卉的形式表现出来，表现出极为灵动的生命气息。法式装饰画从款式上可以分为油画彩绘和素描，两者都能展现出法式格调，素描的装饰画一般以单纯的白色为底色，而油画的色彩则需要浓郁一些。
"

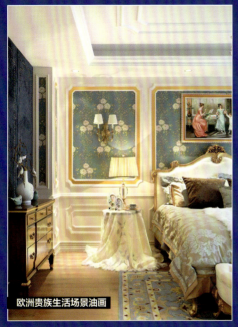

欧洲贵族生活场景油画

法式风格装饰画常用金色雕花镜框

抽象画起到提亮客厅空间的作用

金色挂镜

　　轻复古的法式混搭空间并没有随波逐流，它用自己独特的视角展现了别致而又潇洒的一面，让它褪去了欧式风格的浮华，只有一些金色边线饰品的点缀。金色亚光装饰镜的加入，不仅本身能够增加空间的层次，而且它的质感也有一种低调而奢华的美。

欧式风格
软装搭配场景

欧式古典风格大多金碧辉煌，红棕色的木纹彰显雍容，白色大理石演绎优雅的华彩，蜿蜒盘旋的金丝银线和青铜古器闪闪发亮，另外，以深色调为代表的色彩组合也适合于欧式古典，藏蓝色、墨绿色的墙纸，暗花满穗的厚重垂幔，繁复图案的深色地毯，配上白色木框的扶手，贵族气息顿时扑面而来。而简欧风格要求只要有一些欧式装修的符号在里面就可以，软装色彩大多采用白色、淡色，家具则是白色或深色都可以，但是要注意成系列，风格统一。

华美曲线

欧式风格是对欧洲各国文化传统内涵的表达。家具风格基本决定了空间风格的定位。

该案从安妮女王式的家具可以断定属于新洛可可风格。曲线造型，S形弯腿带有猫脚爪，一般椅背两侧有圆角。整体以浅白色为主色调，蓝色为搭配色。通过蓝色马赛克拼贴进行虚拟空间的功能区域划分，蓝色插花及用餐布的选择与空间主次色调相呼应。环绕金色窗帘和暖黄色氛围光，空间精致烦琐但不像巴洛克那样色彩浓艳。

呈现曲线美感的餐厅家具

欧式风格家具颜色搭配

> 欧式风格家具颜色与墙面的颜色协调也很讲究：如果墙面颜色是暖色调，比如桃红色，那么欧式家具的色调最好也是暖色调的，可以选择樱桃木等材质的家具；如果墙面颜色偏冷色调，如水蓝色、果绿色等，那么家具就要避免选择上述材质，黑胡桃木则更为理想。

白色雕花边框的客厅沙发

质感厚重的实木餐桌

雕刻精美的欧式古典四柱床

大面积卧室中常用床前榻

现代欧式

　　现代欧式的空间省去了繁复的雕刻装饰，硬装部分简洁明朗，主要通过家具和陈设体现欧式精致华美的贵族气质。洛可可风格的家具选择，整体空间以浅色调为主，床品窗帘等布艺选用灰白色系，床幔颜色与新洛可可式软包沙发相呼应，水晶吊灯提亮整个空间的视觉效果。

TIPS ▶ 整体偏浅色的空间也要突出颜色的搭配和变化，主要在于布艺和饰品挂画的选择上，以高级灰为宜，不宜过于艳丽。

点线面组合

　　一般家居空间的餐厅区域不使用地毯，主要考虑卫生问题，但该案属于卖场空间，以展示陈列为主，且空间面积充裕，可以搭配地毯，丰富整体层次。

　　白色家具适合用深色墙体环境来衬托，由于欧式家具一般造型精致，墙面和地面作为背景适宜使用后褪色。

　　摆场时体现空间灵动性，椅子摆放可自由随意一些，侧放或远离，有点线面的组合关系。

简单线条

　　现代简约版本的欧式风格沿袭了古典欧式风格的主要元素，也融入了现代的生活元素，例如该案中护墙板省略繁复的装饰，只保留简单的线条装饰，吊顶考虑到空间挑高的建筑结构，只简单的规则矩形二级吊顶，家具也摒弃巴洛克、洛可可那种雕刻精致和有 S 形兽腿造型的家具，而是选用带有欧式忍冬草纹样和大涡卷的软包家具，并混搭中式瓷凳。U 形半包围的氛围采用不对称的家具摆放，使空间更加灵动和随意。现代欧式不只是豪华奢靡，更多的是惬意和浪漫，给人带来无尽的舒适感。

经典装饰镜

简欧的室内设计其实兼容性特别强，如果把家具换掉，可以瞬间变成现代风格，也可以变为中式风格，因此软装设计的重点就是家具的选择和搭配。

该案中在香槟色的墙面融入白色木格窗等非常具有代表性的欧式元素，简约大气，更贴近自然，软包家具搭配法式古典的床头柜和电视柜，中国红颜色的床品和抱枕，温馨浪漫，也符合中国人的审美。

TIPS ▶ 欧式风格中常出现圆形装饰镜，象征太阳和太阳神，后来这种信仰的成分逐渐减弱，逐渐发展成为现代固定的装饰元素。

蓝色跳跃

　　床头背景选用米灰色软包，延续整体的色彩，白色床头靠背把两边白色护墙板联系到一起，做了很好的过渡。米灰色的软包与床品相呼应，塑造出卧室的品位，通过床榻以及贵妃榻的蓝色跳跃，更显空间的静谧和优雅高贵。

TIPS ▶ 床头软包一定要与床的风格完美搭配，在色彩上也要与床一致，不能够相差太大。现在所使用的床尺寸大都为2000mm×1800mm，那么相应的床头软包的尺寸为1800mm×450mm。

卧室窗帘通常从床品布艺中提取颜色

欧式风格窗帘搭配

> 欧式风格窗帘的材质有很多的选择：镶嵌金丝、银丝、水钻、珠光的华丽织锦、绣面、丝缎、薄纱、天然棉麻等，颜色和图案也应偏向于跟家具一样的华丽、沉稳，多选用金色或酒红色这两种沉稳的颜色作面料，显示出家居的豪华感。一些装饰性很强的窗幔以及精致的流苏会起画龙点睛的作用。

呈现华丽气质的窗帘搭配

与墙面以及床品同色系搭配的窗帘

团花图案的暗金色窗帘搭配

灰蓝色挑高落地窗帘为客厅增彩

冷暖对比

　　皮质沙发与布艺沙发在铆钉玻璃茶几的自然光映射下，更加凸显出质感，与顶面的亚光木色隔空对比，增强整体空间感。棕色皮沙发与地面菱形地砖的结合，促进了整体色彩的连贯，并与两侧的布艺沙发组合形成冷暖对比，立体相映，协调中富有层次变化，和谐有序。

TIPS ▶ 真皮沙发之所以高贵，最重要的还是因为其使用的真皮面料。一套好的真皮沙发几乎要用十头牛的牛皮来制作，再加上烦琐细致的工艺，精湛的设计，而凸显品位。所以，面料的真假、好坏是决定真皮沙发品质的第一要素。

出彩布艺搭配

　　高反光表面的重色调家具，搭配对比色的软体沙发、软包靠背椅与皮革铆钉座椅，再配以高明度与纯度的饰品做点睛，彰显时尚现代感的同时又不失华美和优雅。

　　鹅黄色的大理石地面上铺设黑色打底香蕉黄柿子花图案的地毯，既与顶面造型在图案上相协调，又在色彩上形成对比；简洁线条的白色沙发与图案丰富的空间其他元素形成简与繁的对比，黑色抱枕和香蕉黄色搭巾与地毯及其他重色家具形成色彩上的呼应，咖啡色窗帘对色彩对比强烈的空间起到一定的中和作用。

造型简洁且做工精美的客厅布艺沙发

简欧风格家具搭配

> 简欧风格的家居中，许多繁复的花纹虽然在家具上简化了，但是制作工艺并不简单。欧式简约家具设计时多强调立体感，在家具表面有一定的凹凸起伏设计，以求在布置简欧风格的空间时，具有空间变化的连续性和形体变化的层次感。

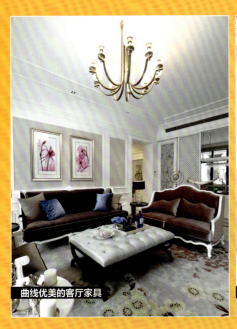

曲线优美的客厅家具

铆钉装饰的米色皮质餐椅

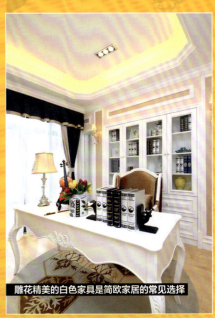

雕花精美的白色家具是简欧家居的常见选择

大地色系

　　色彩对欧式风格室内设计风格的塑造有很大的帮助，不仅可以最大程度地调整室内空间，改变人们对空间的情感态度，还能在根据欧式风格室内的功能要求选用不同色彩的前提下，创造欧式风格室内的独特性，满足使用者的心理和生理需求。

　　大地色系是欧式配色中最端庄的颜色，米色、卡其色配香槟金形成同类色之间丰富的视觉变化；窗帘根据黑金花大理石的肌理色彩，挑选了棕红色系的欧式面料，强化空间的硬装轮廓；玻璃器皿与地毯布艺在选型上呼应窗帘色调，丰富了空间的层次。

地毯凸显张力

　　简欧风格既传承了古典欧式风格的优点，彰显出欧洲传统的历史痕迹和文化底蕴，又摒弃了古典风格过于繁复的装饰和肌理，在现代风格的基础上，进行线条简化，形成简洁大方之美，致力于塑造典雅而又不失华美的家居情调。

　　书房的地面运用整张牛皮地毯，在木质地板、书架及墙面的相互辉映下，更显张力，牛皮地毯与休闲椅子的颜色让整体空间更显稳重，且凸显简欧风格的优雅姿态和品质，也衬托出书房空间的书香气息。

水晶烛台

简欧风格饰品元素

" 简约欧式的灯具外形简洁，摒弃古典欧式灯具繁复的造型，继承了其雍容华贵、豪华大方的特点，又有简约明快的新特征，符合现代人的审美情趣。饰品讲究精致与艺术，可以在桌面上放一些雕刻及镶工都比较精致的工艺品，充分展现丰富的艺术气息。另外金边茶具、银器、水晶灯、玻璃杯等器皿也是很好的点缀物品。"

银色花器

金边玻璃相框

水晶落地灯

黑白配

　　黑白配的色彩碰撞使用往往能激起现代感十足的火花，为了不使空间显得过于繁复，黑白沙发半围合住一个透明台面的茶几，恰好中和了空间中过多纹理带来的繁重的视觉感受；色彩在整个室内空间中相互反射与感染，比如白色电视柜与沙发背景墙，黑色沙发与电视背景墙的交叉反射；墙面上悬挂的黑色细框的装饰画，再一次与空间中的黑色产生呼应，使黑白的使用更有层次感，张弛有度。

简约风格
软装搭配场景

○简约风格软装细节

现代简约风格强调少即是多，舍弃不必要的装饰元素，将设计的元素、色彩、照明、原材料简化到最少的程度，追求时尚和现代的简洁造型、愉悦色彩。现代简约风格的家具通常线条简单，沙发、床、桌子一般都为直线，不带太多曲线，造型简洁，强调功能，富含设计或哲学意味而不夸张。

新奢华主义

　　简约风格中的港式风格属于新奢华主义，该案以典型的黑白色、金属色和线条，点光源分布照明，通过灰镜的反光等效果，营造出金碧辉煌的豪华空间氛围，简约而不失时尚。大空间需要大体量家具来搭配，皮质软包沙发与周围石材、灰镜等硬朗材质相对比，通过地毯中和所有颜色而恰到好处。

　　新奢华空间中常使用灰镜、车边镜等，家具以皮质软包居多，灯具一般选用水晶灯或有黑色灯罩的台灯等。

简约风格
装饰画搭配

> 简约风格家居可以选择抽象图案或者几何图案的挂画，三联画的形式是一个不错的选择。装饰画的颜色和房间的主体颜色宜相同或接近，颜色不可太复杂，也可以根据自己的喜好选择搭配黑白灰系列线条流畅具有空间感的平面画。

装饰画色彩与沙发抱枕相呼应

金色边框抽象图案装饰画

照片墙布置

运用装饰画色彩增强空间活力

灰度空间

现代简约风格建筑装饰提倡应用尽量少的装饰，对家具造型、材质质感和色彩搭配方面有较高的要求。

该空间中以灰度色彩为主调，宽大柔软的布艺沙发带来无尽的舒适感，蓝色抱枕、蓝色花纹地毯和蓝色陶瓷瓶摆件相呼应，其他以原木色和白色作为衬托，整体氛围不管是视觉上还是尺度规划上都很舒服。

简约并不代表简单和空洞，不同质感的家具和饰品，在暖光源下都可以营造出丰富温馨的气氛。

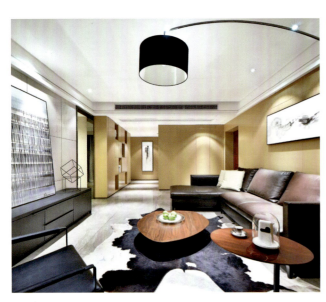

经典座椅

    在明亮开敞的空间中，自然光本身就是最好的装饰手法。造型简约的长条沙发，抱枕颜色与单椅颜色相呼应。玻璃台面的茶几与布艺沙发和兽皮地毯进行材质的对比，展现更有质感的光泽度。客厅与餐厅存在空间高差，使视觉层次更加丰富。最大的亮点是经典座椅的使用。由埃姆斯夫妇设计的 670 号躺椅以及 DAR 餐用支架扶手椅。

    670 号椅又称为安乐椅，不论摆放在单身公寓还是公司会议室，都充满现代气息，是既经济又舒适的黑色皮革家具。头靠、靠背和坐面，每个部位都由五层胶合板与两层巴西红木单板组成，扶手部分还运用了减振垫，像一副"好用的棒球手套"一样，整体设计尽显奢华与气派。DAR 餐椅是历史上第一套量产的塑料椅，也标志了现代室内设计风格的诞生。使用在该空间中十分到位。

简约风范

　　胡桃木色的背景墙，搭配经典的黑色皮革沙发及 670 号躺椅，霸道总裁风油然而生。白色大理石台面的茶几与黑色皮质沙发材质形成强烈的对比，灰白色调的条纹地毯串联所有单体家具，丰富了整体空间。茶几的陈设主要为营造生活气息，如打开的书本、精致的纸巾盒、酒瓶和高脚杯等，通常会使用托盘，既规整了摆件，又丰富了空间层次关系。左边的单椅和单色窗帘，依然迎合整体空间色调。

TIPS ▶ 蝴蝶兰是室内常用的陈设植物，其优雅的身姿和多样的色彩备受人们喜爱。蝴蝶兰的花语是仕途顺畅、幸福美满，极好的寓意也更适合家居空间。

红色点睛

　　大空间配合使用大体量家具，在现代简约风格中主体物常常运用灰色调，来缓和视觉冲击，亮色只作为小面积的点缀或降低明度后再大面积使用。

　　该案中沙发、单椅以及美人榻都使用灰色调，大面积的红色地毯则通过花纹图案来降低颜色纯度，与茶几摆件的颜色和挂画中的红色相呼应，并且搭配白色大理石台面的茶几，提亮了整体空间的色调，独具特色的艺术吊灯更是丰富了整体氛围，使居住者在这样的空间中体会到一种放松和豁达，简约时尚的感觉。

纯净白色

　　白色的空间主调给人一种高级、科技的意象，尤其是带有灰色纹理的白色大理石地面，其质感给人一种严峻坚硬的心理暗示，为了柔化这一冷峻感，室内的其他陈设部分均采用暖色系以及柔软的材质，如布艺软包餐椅以及金色吊灯等。

　　餐椅的摆场有时可灵活变化位置关系，如图中对称的摆放中突出一把餐椅的摆放，使氛围更加活泼。餐盘餐具按照餐椅数量对应摆放整齐，按照西方用餐习惯，刀叉的位置不能出错。餐桌装饰的小盆栽与吊灯相呼应，更具有统一性和整齐的感觉。

无主灯照明

    用简单的黑白灰三个色调装饰整个空间，宽敞的卧室为了保持空间良好的采光，使用卷帘窗帘，空间显得更加通透简洁。不可忽略的是柠檬黄的使用，虽然色彩在整个空间中着色不多，但恰到好处，点亮了整体氛围，让原本有些冰冷的空间瞬间增加了活跃度和现代感。形成现代时尚公寓。

    对比强烈的色彩运用能在空间中起到画龙点睛的作用，层次分明，对比明显，但颜色种类不要过多。

时尚气质

现代简约风格一直是酒店标间或酒店式公寓设计的主流，其简约大方、时尚稳重的气质是引领时代发展的风向标。

木饰面勾缝处理的床头背景墙，搭配茶镜，延伸了整体空间的视觉面积，方正几何形态的床头灯，时尚大气，窗帘和床头柜以及壁纸的颜色相一致，营造统一的空间氛围，白色床品不仅能够代表床品的干净整洁，同时也能衬托出周围环境的洁净感。

开放式卫生间在地板材质上做到干湿分区，玻璃推拉门不仅便于使用，也起到了扩大空间的视觉范围的作用。

餐桌上的花艺宜选择气味淡雅的品种

简约风格花艺搭配

　　简约风格家居大多选择简约线条、装饰柔美、雅致或苍劲有型的花艺。线条简单呈几何图形的花器是花艺设计造型的首选。色彩以单一色系为主，可高明度、高彩度，但不能太夸张，银、白、灰都是不错的选择。

卫浴间摆设花艺起到烘托气氛的作用

黄色花艺点亮深色空间

玻璃花器常用于简约风格家居

隐藏光源

　　现代简约风格代表了一类追求时尚和个性的群体，该案中整体为灰色调，彩虹色提亮的个性艺术装饰画使整个空间活泼起来。黑色吊扇既有实用性又有装饰性，与黑色皮质沙发和落地灯的色彩相一致，整体感强。白色纤维地毯柔化了整体色调并提亮了空间亮度。空间的光环境没有设计主灯，而是靠氛围光和筒灯的照明，在看不到光源的氛围中，营造更加温馨舒适的空间氛围。

经典黑白影像

　　传世女神奥黛丽赫本的黑白经典影像是所有人都为之倾倒的永恒记忆，用在空间装饰中其目的是突出女性柔美的生活气息以及高雅气质的格调。且该装饰画也是白色背景和黑色家具的搭配过度，言简意赅但恰到好处。家具中的座椅是陈设亮点，用女性人体与潘顿椅相结合，是对经典的复刻，更是时尚与现代的体现。黑白灰的环境中用素雅的马蹄莲做搭配，尽显优雅、尊贵、圣洁的气质。

复古现代主义

在复古现代主义风格的餐厅空间中摆上几把3107型椅子早已司空见惯。1955年，丹麦建筑师阿尔内·雅格布森创造了3107型椅子，实质上是"三腿蚂蚁椅"的延伸，它继承了"整体艺术"的思想，力求将室内外空间的设计作为一个整体来构思。这款模压胶合板的椅子受埃姆斯设计的影响，成为了丹麦现代风格的代表作。这款椅子常用在现代风格的餐饮空间以及室内外交接的灰空间中。

马赛克拼画

　　白色和原木色相搭配的空间给人以干净、明亮、简洁、贴近自然的舒适感。巨幅马赛克拼贴画是该空间的设计亮点，不仅划分了客厅和餐厅两个功能空间，也彰显了现代简约、追求时尚个性的空间气质。布艺沙发、靠包、地毯以及软包餐椅柔和了整个空间的质感。

TIPS ▶ 小户型客厅和餐厅同处一空间中时，多使用点光源或氛围光，主灯多用在餐厅区域，造型简洁大方即可。

红白色个性造型矮凳起到点睛作用

简约风格饰品元素

> 现代简约风格家居应尽量挑选一些造型简洁的高纯度饱和色的饰品，一方面要注重整体线条与色彩的协调性，另一方面要考虑收纳装饰效果，要兼顾实用性和装饰性。尽量让饰品和整体空间融为一体。
>
> 在摆设饰品时首先要考虑颜色的搭配，和谐的颜色会带给人愉悦的感觉。硬装的色调比较素雅或者沉闷的时候，可以选择一两件颜色比较跳跃的单品来活跃氛围。需要注意使用亮色的饰品只需要恰到好处的点缀，就能打造出足够惊艳的空间效果。

床头柜上摆设相框

蝴蝶造型壁饰增添浪漫气息

清爽图案的瓷盘挂件

灵动装饰画

　　主卧色彩并不多，主体色是白色，但是点缀带有舞姿画面的黑白灰较为鲜明的装饰挂画，就足以让整体空间彰显出不一样的灵动感觉，同时更富有艺术气息。床品的黑色线条框与装饰画的边框相呼应，饱含现代气息，让整体空间层次鲜明，动感丰富。

TIPS ▶　现代画通常选择直线条的简单画框。如果画面与墙面本身对比度很大，也可以考虑不使用画框。在颜色的选择上，如果想要营造沉静典雅的氛围，画框与画面应使用同类色。

现代风格
软装搭配场景

现代风格家居一向以简约精致著称，尽量使用新型材料和工艺做法，追求个性的空间形式和结构特点。色彩运用大胆创新，追求强烈的反差效果，或浓重艳丽或黑白对比，软装上通常选用传统的木质、皮质等市场上主流的家具，也可以更多地出现现代工业化生产的新材质，如铝、碳纤维、塑料、高密度玻璃等材料制造的家具。

◎现代风格软装细节

浪漫紫色

　　现代简约风格的书房空间，将设计元素、照明和材料精简到极致，对色彩和材料质感要求很高。例如，本案以白色为主色调，蓝色墙面和紫红色块毯为辅助，用波普艺术的经典装饰画——安迪·沃霍尔（Andy Warhol）的玛丽莲·梦露，带动了整个空间色彩的灵动性，搭配色彩大胆和造型前卫的椅凳，光泽度极高的钢琴烤漆台面，使空间达到以少胜多的效果。

　　现代风格的饰品选择要个性十足、质感到位，如本案中的画品和饰品、灯具以及前方的贵宾狗雕塑等。

白色个性座椅同时也是书房装饰品

现代风格家具搭配

> 用塑料制成、看上去轻松自由、坐起来又舒服的桌椅；造型棱角分明、毫不拖沓的皮质沙发组合；造型独特、可调节靠背提供多种不同放松姿势的躺椅等。这些亮眼的家具如果能和相对单调、静态的居室空间相融合，可以搭配出流行时尚的装饰效果。

金属材质镂空茶几

根据人体工程学设计的高背餐椅

高背沙发又称为航空式座椅

黑白吧椅搭配相得益彰

撞色手法

在色彩丰富的餐厅空间中，热情浓烈的红餐桌色瞬间让居室变的鲜明个性，时尚感十足，是一种简洁而又省力的室内色彩处理手法。

红色的餐椅搭配黑色的边框更加沉稳、自然。花朵形的储物花格和微妙的光影效果，给人带来丰富而细腻的审美感受。小巧装饰摆件凸显活泼可爱的个性，选用橙色的花朵使视线聚集在餐桌之上的同时还有助于增进食欲。

后现代主义

　　该空间搭配巧妙地将扶手单椅和背景墙挂画图案相统一，使黑白色彩融汇在整体明度都很低的空间中，搭配深红色皮质沙发、深色大理石台面的茶几和深色地毯，给人以低调奢华的感受。靠包选用不同材质与皮质相协调，茶几上的饰品以玻璃制品为主，增强空间活跃感。

TIPS ▶ 越靠近地面的物体颜色使用越暗，使整个空间可以沉下来，给人以稳重感。

强烈
视觉冲击

　　整体空间由红黄蓝和直线条组成，不禁想到风格派运动的代表人物彼埃·蒙德里安（Piet Cornelies Mondrian）的格子画。色块的填充和直线的交错，简简单单的红黄蓝按照不同使用比重组合在同一个空间里，给人强烈的视觉冲击力，加之金属丝网的餐椅造型，构成感十足。吊顶和餐桌形状相呼应，狭窄空间使用白色可扩大视觉效果。

　　该空间好在很好地控制了三原色的使用比重。餐厨空间给人的印象就比较燥热，因而多用蓝色黄色来进行视觉降温。

同色系家具

现代风格设计起源于包豪斯学派，提倡功能第一的原则，提出适合流水线生产的家具造型，简化所有装饰，常常在色彩和材质上要求很高，因此简约的空间设计通常非常含蓄。

本案设计就高度展现了该风格的设计特点。其亮点就在于不同造型但同色系的椅子上，室内家具外形简洁、功能性强，强调空间形态和物件的单一性和抽象性，色彩对比强烈。

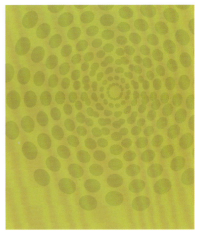

经典三原色

　　将经典的蒙德里安格子画运用得十分到位，横竖线条恰当地与吊顶和墙面设计相融合，进行拉伸和变形，串联餐厅和客厅两个狭长的空间，显而易见地突出空间主题。

　　靠包更是格子画的衍生品，在主调白色和原木色的空间中，体现干净、简洁和贴近自然生活的北欧风情，搭配适度的三原色，将经典画作立体化，也是将风格派艺术由平面延伸到三维立体空间的完美展现，使用简洁的基本形式和三原色创造出了优美而具功能性的室内空间环境。

　　空间整体照明以点光源为主，搭配适度的氛围光，营造简约和光亮的效果。

　　白色与贯通的线条能够形成延伸和扩大空间视觉范围的效果，且该空间设计亮点在于有很强的主题性，用艺术经典贯穿整体室内空间，体现现代简约风格中新生活与经典艺术的联系。

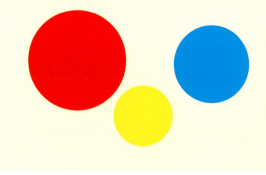

个性落地灯成为客厅装饰一部分

艺术气息极强的餐厅灯饰

鸟巢造型灯饰很富装饰感

现代风格灯饰搭配

" 现代风格家居多搭配以几何图形、不规则形状的灯饰，要求设计创意十足，具有时代艺术感。白色、黑色、金属色居多。现代风格强调光环境的概念。在家居设计中，灯的外形设计可能并不能引起人的注意，而当天黑下来时，灯光的组合设计营造出来的特殊环境空间感，却可以给人很多联想的空间。"

工业风矿灯同样适合现代家居空间

落地灯搭配书椅展示书房的个性气质

新古典风格
软装搭配场景

新古典风格传承了古典风格的文化底蕴、历史美感及艺术气息，同时将繁复的家居装饰凝练得更为简洁清雅，将古典美注入简洁实用的现代设计中。新古典主义常用金粉描绘各个细节，运用艳丽大方的色彩，注重线条的搭配以及线条之间的比例关系，令人强烈地感受传统痕迹与浑厚的文化底蕴，但同时摒弃了过往古典主义复杂的肌理和装饰。

大体量家具

　　大空间适合运用大体量的家具和配饰进行空间装饰搭配，该案设计中就采用了八座圆餐桌，很好地均衡了空间的比例关系。新古典风格的家具常选择木质材质，装饰细节常选择带有金粉描绘的元素。该案设计中增加了软包座椅，搭配不规则形状的地板、大型水晶吊灯和花艺陈设，不仅提升了整体空间搭配的格调，同时也给较大的空间一些"满"和"温暖"的视错觉。

　　不同的空间要匹配不同体量的家具、配饰和灯饰等，点缀色的比重也要和主要空间色调相协调，红色等艳丽的色彩一般比重较低或者降低明度再进行使用。

中式元素

  该空间为新古典主义风格的起居室设计，所谓新古典主义风格就是对古典主义风格的改良和发展。传统古典主义中常常出现中式元素，号称没有中式元素就没有贵气。因此该空间中使用了中式圈椅和珐琅彩陶瓷瓶装饰，吊顶采用中式格窗的纹理，屏风也带有中式刺绣的工笔画蜡梅图案，与古典家具搭配融洽和谐，金色窗帘搭配黄色花纹沙发，地毯也有黄色呼应，整体色彩搭配尽显高调奢华之感。

TIPS ▶ 大空间可使用全包围式的大型块毯，围合全部家具，配合地面波打线，很好地划分出大空间中的子空间。

花艺点睛

　　一幅画、一盆花甚至是一个靠包都有可能成为这个空间的点睛之笔。其中在软装布置中摆放合适的花艺，不仅可以在空间中起到抒发情感，营造起居室良好氛围的效果，还能够体现居住者的审美情趣和艺术品位。

　　白色的窗幔显得清逸灵动，摇曳的红色鲜花又为房间增添了张扬之感。金色的梳妆台与画的颜色相呼应，给人一种高端大气之感。

曲线优美雕刻精致的客厅坐榻

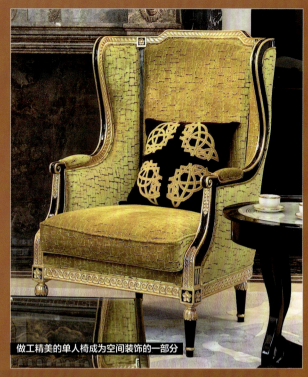

做工精美的单人椅成为空间装饰的一部分

新古典风格家具搭配

　　新古典风格家具摒弃了古典家具过于复杂的装饰，简化了线条。它虽有古典家具的曲线和曲面，但少了古典家具的雕花，又多用现代家具的直线条。新古典的家具类型主要有实木雕花、亮光烤漆、贴金箔或银箔、绒布面料等。

　　新古典主义的客厅沙发经常采用纯实木手工雕刻，意大利进口牛皮和用于固定的铜钉表现出强烈的手工质感，不仅继承了实木材料的古典美，真皮、金属等现代材质也被运用其中，改变了木质材料的单一感。

紫色绒布沙发增添新古典客厅的浪漫风情

带有华丽金色的曲面造型床头柜

带有银色雕花的卧室家具是新古典家居常见选择

跳跃的水蓝色

　　家具的摆放轻松而紧凑，两个长沙发相互对应但色彩不同，既严谨又活泼。相对型的摆放方式其实不多见，它主要是便于主人和客人之间的交流，比较适合宾客较多，经常会有聚会的家庭。

　　普鲁士蓝的花瓶在空间里做了色彩补充，让蓝色沙发不显突兀，清爽的水蓝色元素在空间灵活跳跃着，一改古典风格安静沉稳的模样，整个空间也鲜活灵动起来。

金色的运用

　　金色、黄色是欧式风格中常见的主色调，然而对中式也同样适用，少量白色糅合，使色彩看起来明亮。墙上带有中式纹样的装饰画运用展现了设计师的巧思。厚重的床头柜与纤细的支架看似格格不入，其实却是相辅相成的。

　　金色虽然可以提升档次，但是如果使用过度就会变得俗气，所以设计时要把握好尺度。此外，在使用金色点缀时，地面的颜色一定要重，这样才能保持稳定的感觉。

餐桌摆场

古典家具的餐桌摆场通常会根据餐位摆设相应数量的餐垫、餐盘和刀叉，以及红酒和高脚杯。八人座餐桌的体量感较大，为营造热闹的用餐环境图中使用了高大的花瓶，并植入绣球花，素雅的色彩并不争抢氛围主题色，高大的花枝很好地烘托了氛围。

TIPS ▶ 餐厅空间的挂画常常使用水果鲜花等可食用或色彩艳丽的图案，符合用餐心理。

新古典风格布艺搭配

> 色调淡雅、纹理丰富、质感舒适的纯麻、精棉、真丝、绒布等天然华贵面料都是新古典风格家居必然之选。新古典风格的窗帘面料常以纯棉、麻等自然舒适的面料为主，颜色可以选择香槟银、浅咖啡色等，花型讲究韵律，弧线、螺旋形状的花型较常出现，同时在款式上应尽量考虑加双层，力求在线条的变化中充分展现古典与现代结合的精髓之美。

窗帘与床品颜色相协调

带有佩斯利图案的卧室窗帘

绒布面料的窗帘为卧室增添华贵感

真丝面料的床上抱枕

英式优雅

　　本案设计以位于伦敦公园街的洲际酒店皇家套房作为参照，创作灵感来源于女王伊丽莎白二世，呈现了一个兼具规则、豪华与优雅格调的空间。

　　欧式的家具更显尊贵，而中式的装饰更有韵味，两者相融合更彰显出设计的精致与品位。随意安放的欧式风格摆件、挂画、墙面装饰镜经过色彩和线条处理后，与经典的拼花地毯相呼应，英式的优雅与精致在所有的细节上的用心显得更加到位，气韵自然流转。

窗帘增添韵味

　　在软装设计中，窗帘具有画龙点睛的作用。本案窗帘的分割方式处理得十分合理，没有选择常见的两扇对开的形势，灵活地化解了三扇窗狭窄间隔之间的装饰问题；款式上选择落地帘，给人以大气的视觉享受，此外，窗帘选择与沙发色彩相协调的面料，达到整体氛围的统一。花鸟图案的刺绣靠包与雍容华贵的牡丹花纹饰缎帘为书房增添了一抹韵味。

对称式设计

　　同样中式与欧式古典风格混搭的起居室设计。开敞式书房设计，连通起居室，使整个空间给人以开放、宽容的非凡气度，让人丝毫不显局促。

　　大空间摆场使用对称式设计，搭配中式床榻和书桌椅，以深色木制为主，其他软包布艺使用同色系的浅色，整体空间氛围低调奢华，彰显业主的品位与气质。

　　白色、金色、暗红色是古典风格中常见的色调，家具及饰品的陈设更像是一种多元化的思考方式将怀旧的浪漫情怀与现代人对生活的需求相结合，兼具华贵典雅与时尚现代，反映出后工业时代个性化的美学观点和文化品位。

铜艺水晶吊灯与餐桌金色雕花相呼应

水晶吊灯是新古典风格挑高客厅的绝佳搭配

红色吊灯点睛

璀璨的水晶吊灯

新古典风格灯具搭配

" 新古典风格灯具的选择宜以华丽、璀璨的材质为主，如水晶、亮铜等，再加上暖色的光源，达到冷暖相衬的奢华感。

新古典风格客厅通常选用吊灯，因为吊灯的装饰性极强，会给人一种奢华高贵之感。圆形的水晶吊灯是选择最多的，它造型复杂却非常具有层次感，优雅高贵。新古典风格卧室吊灯的选择也以水晶玻璃为主，造型简单却又突出复古的设计感，既有欧式特有的优雅与浪漫，也会融入现代的设计元素，增加它的时尚性。"

高贵宝蓝色

古典风格中常见暗红色，而新古典风格中常见宝蓝色，一种尽显高贵气质和智慧的颜色，不仅如此，蓝色在色彩心理学中还具有舒缓神经，放松心情的作用，也因此越来越受到人们的喜爱。但过度的蓝色则会带来冰冷和抑郁的感觉，因此该空间中用温柔的布艺、灯芯绒等材质舒缓了这一色彩质感。

古典油画是该风格常见的装饰画，其画框的选择也极为重要。抱枕和桌旗的花纹一致，才有搭配呼应的效果。在暖光源和白色背景的衬托下，显得高贵典雅不做作。

金色雕花边框的装饰镜

新古典风格饰品元素

　　新古典风格的客厅中，可以选择烛台、金属动物摆件、水晶灯台或果盘、烟灰缸等饰品。新古典主义卧室的饰品在选择上可以多采用单一的材质肌理和装饰雕刻，尽量采用简单元素。如床头柜上的水晶台灯，造型复古的树脂材质的银铂金相框等；卧室梳妆台上可以摆放不锈钢材质的首饰架，加上华丽的珠宝耳环的点缀和印度进口的首饰盒成为新古典风格的最佳配备。

真丝面料且带流苏的抱枕

青色陶瓷摆件

贝壳首饰盒和银色化妆镜

东南亚风格
软装搭配场景

东南亚风格的特点是色泽鲜艳、崇尚手工，自然温馨中不失热情华丽，通过细节和软装来演绎原始自然的热带风情。由于东南亚气候多闷热潮湿，所以在软装上多用夸张艳丽的色彩打破视觉的沉闷。香艳浓烈的色彩被运用在布艺家具上，如床帏处的帐幕、窗台的纱幔等。在营造出华美绚丽的风格的同时，也增添了丝丝妖媚柔和的气息。

巴厘岛风情

　　东南亚风格为营造一种浪漫奔放、与大自然零距离接触的海边度假风情，讲求室内外互相渗透的关系，其中大多以土黄色为主色调，白色为辅助色调。

　　该案属于东南亚风格中的巴厘岛风格，开敞通透，室内外景观植物相互映衬，属于日间风格。家具选用藤编家具，搭配具有编织元素的地毯，布艺选用接近大自然的棉麻系列，原色木纹背景墙、暖色光源氛围，映衬室内外的绿植，营造原汁原味的自然之美。

木雕衣柜

圆形矮凳

东南亚风格家具搭配

> 大部分的东南亚家具采用两种以上不同材料混合编织而成。藤条与木片、藤条与竹条，材料之间的宽、窄、深、浅，形成有趣的对比。工艺上以纯手工编织或打磨为主，完全不带一丝工业化的痕迹。
>
> 泰国家具大都体积庞大，典雅古朴，极具异域风情。柚木制成的木雕家具是东南亚装饰风情中最为抢眼的部分。此外，东南亚装修风格具有浓郁的雨林自然风情，尤其适合藤椅、竹椅一类的家具。

藤编坐垫

木框布艺沙发与带佛教图腾的鼓凳

木色空间

床头背景与客厅的沙发背景相一致，整体空间氛围协调。裸露清晰的木质纹理，搭配室内摆放的绿植，以及有自然元素图案的浅色地毯，原木墩茶几，搭配暖色光源烘托出热情温暖的气氛，营造一种来自热带雨林的自然之美。

TIPS ▶ 东南亚风格多广泛运用木材和其他原始材料，适宜摆放绿植，饰品常选用木雕、瓷雕、油画等。

藤编元素

具有藤编元素的电视柜与藤编沙发相呼应，棉麻布艺背景墙与靠包相搭配，草绿色的窗帘点缀简单的卷草纹图案连接室内外空间的过渡氛围。仿古地砖斜铺，营造自然随性之美。大量室内植物做配景，是营造该风格的必需要素。

TIPS ▶ 东南亚风格在灯具的选择上很少用主灯，主灯一般起点缀作用，主要以点光源和返照灯为主，为烘托氛围，增加神秘感。

泰式风格

　　该空间属于典型的东南亚风格中的泰式风格。壁炉背景墙的设计采用泰国佛塔建筑的圆尖顶造型，镶嵌金色装饰物。泰式家具多沿用传统的深色调，这里以褐红、金色、暗红为主，搭配古典民族传统图案，展现热情奔放浓烈的民族风情。整体空间色彩丰富浓烈，因而白色壁炉让人眼前一亮，使整个热闹的空间蕴含一丝静谧的气息。

　　一个盛产热带水果的民族对色彩有着与生俱来的热爱，因此泰式风格主要是对色彩的把握，以及泰式典型建筑造型和荷叶边等常见装饰元素的运用。

大象造型台灯

东南亚风格饰品元素

> 东南亚风格饰品的形状和图案多和宗教、神话相关。芭蕉叶、大象、菩提树、佛手等是饰品的主要图案。此外，东南亚国家信奉神佛，在饰品里面也能体现这一点，一般在东南亚风格的家居里面多少会看到一些造型奇特的神、佛等金属或木雕的饰品。

芭蕉叶造型吊灯

蓝色壁饰

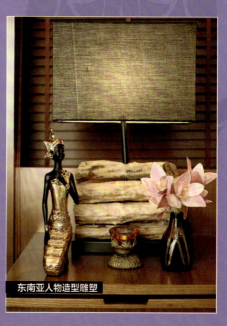
东南亚人物造型雕塑

金色元素

　　泰式风情的餐厅陈设设计主要靠饰品就能营造出别具风味的格调。本案中大量运用金色或金属色泽的装饰品，餐边柜和装饰镜都使用古典民族风格的花纹图样精细装饰，餐桌饰品搭配艳丽，在湖蓝色的衬托下更能突显金色的华贵。由于该空间层高较高，正中的装饰镜和下垂的金属吊灯拉近两层的距离，并搭配高大体量感的凤尾竹，使整体空间丰富饱满。

　　金色代表黄金，是财富和高贵身份的象征，因此泰式风格里常给人金碧辉煌的感觉，加之鲜艳的颜色，镂空的门窗，柳藤的椅子，打造极具民族气息的异国风情。

美式乡村风格
软装搭配场景

美式乡村风格主要起源于18世纪各地拓荒者居住的房子，不同于欧式风格中的金色运用，美式风格更倾向于使用木质本身的单色调。大量的木质元素使美式风格的家居带给人们一种自由闲适的感觉。软装搭配上常用仿古艺术品，如被翻卷边的古旧书籍，动物的金属雕像等，这些饰品搭配起来可以呈现出深厚的文化艺术气息。

回归自然

　　美式乡村风格中的家具体积巨大，厚重的家具和带有沧桑感的配饰，带有乡村的朴实感，营造出舒适的生活环境。该案中卧室环境以木色家具、木质拼花地板搭配蓝色床品和蓝色花纹壁纸为主调，营造回归自然的轻松和舒适感。

　　美式乡村风格中融汇了各种不同风格的优秀元素，摒弃了烦琐与奢华，突出强调舒适和自由，特别是在墙面的色彩上，讲究单一色为主，通常使用自然、怀旧并散发着浓郁泥土芬芳的色彩是美式乡村风格的典型特征。

雅各宾家具

　　雅各宾风格的家具是美式乡村中常用的家具类型，椅腿与靠背为旋木工艺，方圆交错腿，座面低矮，座深较深，舒适度高，完全符合该风格常用的家具类型。全部采用自然色，墙面使用暖黄色，桌旗和抱枕的图案与地毯相呼应，小碎花也是乡村风格中常见的装饰元素之一。滴水观音和雏菊的点缀，充满了自然气息。

TIPS ▶ 美式乡村风格的配色宜使用大自然中的绿、土黄色或褐色等自然色泽，切忌使用艳色。

地图装饰画

　　为营造舒适、自然、随意的生活气息，美式乡村风格的摆场需要各种繁复的装饰物，如摆件、绿植、小碎花布等。家具常用实木、布艺和皮革材质，灯具多用铁艺及裸露的灯泡，饰品风格不一，体现随性自由的异域风情。

　　例如该案中的地图装饰画，很好地诠释了这一点，并且色彩使用偏旧的复古调，与整体环境融洽。常用饰品有鹿角、树根、玻璃瓶、风扇、做旧的家具等。

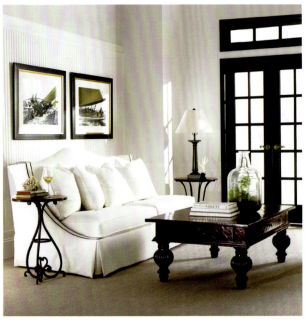

美式乡村风格家具搭配

美式四柱床

水洗白实木家具

> 美式家具凸出木质本身的特点，它的贴面一般采用复杂的薄片处理，使纹理本身成为一种装饰，可以在不同角度下显示不同的光感。这使美式家具比金光闪耀的意大利式家具来得耐看。
>
> 美式风格的沙发可以是布艺的，也可以是纯皮的，还可以两者结合，地道的美式纯皮沙发往往会用到铆钉工艺，此外，四柱床、五斗柜也都是经常用到的。

雕刻精美的实木茶几

厚重质感的皮质沙发

实木五斗柜

原始粗犷

　　美式古典乡村风格带有浓郁的乡村气息，以享受为最高原则，在面料、座椅的皮质上，强调舒适度，感觉宽松柔软。

　　该案中的这一套餐桌椅就是安妮女王式变形，造型优美且舒适度高。家具尝试用松木、枫木，不用雕饰，保持木材原始的纹理和质感。天花采用木饰面拼贴，纹理与地板纹理相呼应，搭配铁艺吊灯，整体颜色以自然色为主，低沉稳重，创造出一种古朴的质感，展现原始粗犷的美式乡村风格。

美式乡村生活

　　该空间的软装搭配属于典型的美式乡村风格的设计。小碎花图案的壁纸、地毯和靠包，木质家具和护墙板及天花，棉麻布艺的软包家具，铁艺吊灯，室内绿植和条纹帘头的窗帘搭配。

　　该空间层高较高，斜屋顶更是延伸了整个空间视觉高度，因此铁艺吊灯需下垂到合适高度方便照明。空间格局以壁炉为中心，采用中心对称法则进行陈设，但并不一定刻板的使用对称一致的家具款式，其体量感相和谐就好。营造出浓郁的家庭生活氛围。

绿色彩绘墙面

　　美式乡村风格的家具一般体量比较大，因此舒适度很好，木质摇椅也是该风格中常见的家具搭配，木质拼花地板使之更具有田园的自由气息。由于该风格尤其推崇对自然的追求，因此该空间的绿色彩绘墙面极为抢眼并切合主题风格。小碎花元素不仅可以运用在布艺上，也可以运用在手绘墙面，为了匹配该风格，墙绘图案一般选择自然植物或者花鸟蝴蝶等二维图形，用色以贴近自然，粉调为宜，不宜过于艳丽。

床头帘和窗帘的组合

美式乡村风格布艺搭配

> 布艺是美式乡村家居的主要元素，多以本色的棉麻材质为主，上面往往描绘色彩鲜艳、体形较大的花朵图案，看上去充满一种自然和原始的感觉。各种繁复的花卉植物、靓丽的异域风情等图案也很受欢迎，体现了一种舒适和随意。美式风格窗帘的材质一般为本色的棉麻，以营造自然、温馨气息，与其他原木家具搭配，装饰效果更为出色。适合美式风格的窗帘的纹饰元素有雄鹰、麦穗、小碎花等。

复古风格大花窗帘

美式风格床幔

碎花图案床品

红色印花地毯

温莎椅

温莎椅在美式乡村风格中经常可以见到，和雅各宾式的家具一样都使用旋木工艺制作，做工精良，表面光滑，有手感好和实用性强的特点而备受人们喜爱。餐厅在摆设地毯时应注意，其尺寸要大于将椅子拉开后的围合范围，避免椅子拉出后一半在地毯内一半在地毯外造成不平稳。

TIPS ▶ 美式乡村中的装饰画常常搭配富有生活气息或自然风景的静物画，营造安静放松的生活环境。

精致典雅

　　美式乡村风格中餐桌椅比较矮，而床和柜体的尺寸都比较高。例如该案中的四柱床就是常见的一种大体量的床体。实木床脚和床柱，圆滑的弧线，精致的雕花，精致典雅中透露着高贵华丽的艺术气息。匹配同样大体量感的梳妆台和五斗柜，化妆镜和装饰镜一般镶嵌在精致的镜框中，在细节中彰显着生活的情调。

　　床品使用自然舒适的棉麻材质，饱满的床体给人一种想要扑倒舒展的冲动。但是由于床体较高，应注意床品的尺寸规格。

粉嫩色家具

粉嫩系列的布艺家具在充足的自然光照明中显得更加安静和舒适，棉麻材质的地毯迎合了乡村风格的质朴。色彩整体偏浅色，灰白墙面可百搭各种颜色。抱枕和沙发布艺相互穿插呼应，营造你中有我我中有你的视觉效果，使整体颜色搭配出和谐共生的感觉。场景中没有搭配实体植物，而是通过挂画图案进行弥补，精致巧妙。

TIPS ▶ 整体空间颜色不宜过多，三种色调为宜，搭配黑白灰关系，创造舒适放松的田园生活环境。

田园生活

　　宽大舒适的皮质沙发，堆满各种面料的抱枕，营造无比柔软舒适的氛围，将两个软包坐凳组合在一起充当茶几，随意摆放的一个相框也别有一番风味。布面灯罩以及棉毛地毯，是乡村风格中追求自然田园生活的基本体现。壁炉两侧的书架是摆场的重头戏，既要营造丰富的生活气息，又不能过于堆砌。一般情况下不能左右对称，但颜色可以相互呼应。吊扇灯也是该风格常见的搭配元素。

TIPS ▶ 木质、风扇、皮革、实木等通常是美式乡村风格中出现频率最高的搭配元素。

奶油黄色墙面

在色彩选择上，自然、怀旧、散发着浓郁泥土芬芳的色彩是美式风格的典型特征，以暗棕色、土黄色、绿色、土褐色较为常见。通常美式风格的家具和地面一般来说颜色较为深沉，如果空间不是特别大，容易感觉压抑。可以使用明亮的奶油黄色来使空间亮起来！奶油黄色能够衬托出卧室内温馨的气氛，精心选择的田园风窗帘与墙面颜色和谐搭配在一起，拼接一抹芥末绿自然而清爽。

美式乡村风格灯具搭配

铁艺烛台灯

美式乡村风格的灯具一般选择比较考究的树脂、铁艺、焊锡、铜、水晶等材料，常用古铜色、黑色铸铁和铜质为框架，为了突出材质本身的特点，框架本身已成为一种装饰。可以在不同角度下产生不同的光感。

工业风格铁艺小吊灯

做旧工艺台灯

不规则造型铁艺吊灯

原木色顶面

喜欢原木色装修的业主，可以在餐厅的墙面与顶面大面积应用原木色的墙板，同时餐桌也选用同样的木色，如果整体色调比较沉重，那么可以在软装上调节一下，使得原本沉闷的空间活跃起来，但还是能够保持原本想要打造的沉稳大气的感觉。

TIPS ▶ 软装的点缀不仅仅在后期的饰品上，家具、布艺的颜色和材质都对整体空间的氛围营造起到至关重要的作用，同样的硬装基础，不同的软装可以产生不一样的效果。

弧形吧台区

　　很多美式风格的设计中都会有吧台区域的设置，这不仅是身份的象征，也是实用功能上的需要。

　　石英石的吧台更具实用与美观性，既可作为两人简餐的台面，又可作为与餐厅互动时的小酌地点。

　　吧台与拱门结合的前期设计下，通过铁艺壁灯来营造气氛，使得吧台区域的灯光更加有层次感。同时搭配精致的红色印花布艺吧椅，有别于传统全木结构吧椅，能够增添用餐情调。

美式四柱床

　　在美式古典风格中，四柱床是非常有代表性的家具。它能够体现当时贵族的奢华品位，又展现精致秀气的柔美感觉。在卧室中加入这样的单品，能够把它与公共区域的气质区分开来，显得更加私密和宁静，选择黑色高光漆的表面处理，既能够和整体古典而华丽的风格相搭，也能体现出个性。

TIPS ▶ 　在浅色的空间中可以搭配深色的四柱床，以突出床的造型与气势；在深色的空间中应尽量搭配相近色系的床，便于营造空间的整体感。

美式乡村风格饰品元素

美式风格客厅常用一些有历史感的元素，这不仅反映在装修上对各种仿古墙地砖、石材的偏爱和对各种仿旧工艺的追求上，同时也反映在软装摆件上。与美式客厅家具完美搭配的艺术品必须凸显其特有的文化气息，例如被翻卷边的古旧书籍、做旧的陶瓷花器、动物的金属雕像等。而一些复古做旧的实木相框、细麻材质抱枕，建筑图案的挂画等，都可以成为美式风格卧室中的主角。

建筑图案装饰画

羚羊头挂件

照片墙

做旧工艺木质挂钟

港式轻奢风格
软装搭配场景

现代港式风格不仅注重居室的实用性，而且应适合现代人对生活品位的追求。装饰特点是讲究用直线造型，注重灯光、细节与饰品，不追求跳跃的色彩。如果觉得这种过于冷清的家居格调显得不够柔和，就需要有一些合适的家居饰品进行协调、中和。

◎ 港式轻奢风格软装细节

高雅木色调

　　港式风格中体现现代轻奢生活，尤其在书房设计上，更能体现高雅时尚的生活态度以及对高品质生活的追求。该案主要通过木质色调使整个书房空间产生放松和静心的氛围，家具采用金属包边效果，不仅增强了家具线条感和硬朗的质感，更能反映出该空间使用者的气质。与之相中和的温柔元素是墙面的挂画和写字桌的盆栽。搭配精致的咖啡杯和望远镜，是远离嘈杂世界的好地方。

TIPS ▶ 书房空间的摆场主要难在书架的摆放，不能过满也不能过空，饰品摆件与书本结合使用。若要使用地毯，块毯选择比桌子大一点即可。

港式轻奢风格灯具搭配

方形水晶吊灯与餐桌形状呼应

书房使用水晶吊灯体现轻奢特点

金色水晶吊灯与金属线条搭配相得益彰

在港式风格装饰中，经常会看到各种水晶制品，其中水晶吊灯是最为普遍的。这种奢华元素与现代元素，以及英伦风格结合在一起，形成了港式风格装饰。但注意灯具线条一定要简单大方，切不可花哨，否则会影响整个居室的安静感觉。

线条简洁的黑色金属台灯

极富艺术气息的餐厅吊灯

港式现代感

　　港式家居空间常用金属色和镜面质感的装饰或家具。该餐厅空间以冷静的色彩和简单的线条块面来体现港式风格的现代感，通过软包座椅、拼花地砖以及鲜花饰品的摆放等，来中和整体空间过于冷静的氛围。

　　港式风格的餐厅摆场有一个细节是餐具的选择，因为整体家居中的用料和造型等大多精良，因此餐具常常选择那些精致的陶瓷、餐布和餐具等。点缀色常用深紫、深红等纯度低的颜色，才不会失去应有的高贵感。

圆形元素

　　与圆形吊顶相呼应的弧形沙发、圆形茶几以及椭圆形地毯，使空间看起来整体流畅。灰色墙面与深红色沙发形成了整个空间的主体色调，都属于灰暗色系，加之不同材质间的对比关系，比如皮质、绒布、金属、玻璃等稍加点缀，给人一种和谐平静但不暗沉呆板的感觉。

　　港式风格中常使用灰暗色调来丰富空间，造型常使用直线等，总体要简单大方，切不可花哨，会影响整体空间的气质。

经典吊灯

港式风格的家居空间设计大多采用黑白灰以及高级灰等内敛的颜色，造型多用简单的直线或几何形体，因此需要采用一些较为丰富的元素来中和这种单调感。该起居室就巧妙的使用了一款经典的吊灯，来自丹麦保罗汉宁森（Poul Henningsen）的松果灯（PH–Artichoke Glass），与筒灯配合，在满足照明的前提下产生很多生动的照明效果，很好地提升了整体空间格调。

石材与镜面结合

　　港式风格的卫浴间设计基础环境通常使用石材包围，石材与镜面的结合，在灯光的照射下具有强烈的反射效果，提升了空间亮度也带来洁净光亮的视觉心理效应。洗手台下的柜子可找橱柜公司定做，下面悬空便于平时的打扫，视觉上也显得更加轻盈。在摆场的时候整齐的毛巾和适度的小盆花卉是必不可少的。另外小件物品使用托盘归纳，显得既美观又实用。

轻奢风格

　　主调白色的家具搭配蓝色抱枕，主调蓝色的地毯与白色纹理相呼应，金属灯具、饰品摆件与带有金属的家具相呼应，整体大色调和谐统一，互相渗透但不泛滥，点到为止恰到好处。一盆淡粉色的蝴蝶兰为整个空间带来了一丝自然的清流，且花盆选择也与周围环境十分和谐。

　　港式风格中对家具与装饰物的要求很高，是引领潮流的先锋，每一件都精巧细致，耐人寻味，但对整体而言却不突兀。

港式轻奢风格布艺搭配

红色抱枕起到点亮空间的作用

> 港式风格的优点就在于大量使用金属色，却并不让人感觉沉重阴暗。一般现代港式家居的沙发多采用灰暗或者素雅的色彩和图案，所以抱枕应该尽可能地调节沙发的刻板印象，色彩可以跳跃一些，但不要太过，只需比沙发本身的颜色亮一点就可以了。

素雅色彩的沙发上摆设花格图案的抱枕调节氛围

卧室满铺白底黑色不规则图案的地毯

宝蓝色床品表现出轻奢华丽的气质

红色搭配金属色

    该案中多以金属色、红色相搭配，家具及格局运用典型的线条感，配合镜面组合的设计，营造金碧辉煌的豪华感，简洁而不失时尚。

    港式风格是码头文化与殖民地文化的产物，因此善于对刚性材料与线性材料进行运用。换言之，港式文化多源于码头文化，室内设计潮流多以现代简约为主，大多使用冷静的色彩和简单的线条。